AVIS IMPORTANT.

Je prie mes honorables clients, ainsi que les personnes qui désireraient faire un essai de mes Graines, de vouloir bien m'adresser leurs commandes dès la réception de mon catalogue, en se conformant à la date de l'expédition demandée par le client, prière d'écrire lisiblement l'adresse du destinataire, *ainsi que* la gare, *ou* le messager, *qui desservent le lieu de destination. Les sacs sont facturés au prix de revient.*

PAIEMENTS

Les commandes expédiées contre remboursement se feront franco de port, 2 % d'escompte. A 30 jours, il sera fait 1 % d'escompte, (transport à la charge de l'acheteur). Il sera accordé ensuite de 3 à 6 mois de crédit à tous les cultivateurs solvables qui pourront me donner de bonnes références.

Les Commandes pressantes seront expédiées le même jour du reçu de la lettre.

NOTICE

SUR LA

CULTURE DES GRAMINÉES

Propres à faire des PRAIRIES & PATURES

ET DE LA CULTURE & DE LA MALADIE

DE LA POMME DE TERRE

PAR

A. DESSORT

Membre de la Société des Agriculteurs du Nord,

du Comice Agricole de Cambrai,

Lauréat de plusieurs Concours agricoles

Et du Concours Départemental de Cambrai 1883

1er PRIX MÉDAILLE D'OR

CAMBRAI

IMPRIMERIE ET LIBRAIRIE J. RENAUT

Rue Saint-Martin, 18.

INTRODUCTION

En vous mettant sous les yeux ce petit travail, je n'ai pas la prétention de faire un cours aux cultivateurs. Les agriculteurs du Nord sont très-intelligents et les premiers du monde à faire des essais sur différentes cultures. C'est en effet dans notre région qu'on obtient les rendements les plus considérables et que la culture est aussi intensive que possible, grâce au courage de nos braves cultivateurs qui ne reculent devant aucun sacrifice.

Dans ce petit ouvrage :

J'ai simplement voulu faire quelque chose, comme un aide-mémoire, d'après mes essais faits dans mes cultures sur les différentes plantes fourragères et économiques, etc., et les graines les plus recommandables, sans que le cultivateur ait besoin de compulser les ouvrages que tout le monde, du reste, n'a pas à sa disposition.

J'ai laissé de côté tout ce qui ne me paraissait pas indispensable, attendu que mon seul but était de rendre cet aide-mémoire court et utile.

A. DESSORT.

DU CHOIX & DE LA CULTURE
DES GRAMINÉES

De l'importance des Graminées en horticulture
et en agriculture. — La famille des graminées est
une de celles dont l'horticulture et l'agriculture
peuvent tirer le parti le plus avantageux.

A présent dans les grands jardins, le style paysager
est seul en usage, et même pour les jardins de dimen-
sions moyennes, les pelouses essentiellement formées
de graminées, tiennent une place de plus en plus
prépondérante dans notre horticulture. La verdure
veloutée d'une pelouse fait d'abord ressortir avec tous
leurs avantages les massifs de fleurs et d'arbustes, qui,
sans leur entourage de gazon perdraient la plus grande
partie de leur effet ornemental. — Rien de plus
agréable à l'œil que les bordures de gazon quand elles
sont soigneusement entretenues.

En agriculture, les graminées sous forme de prairies
naturelles ne sont pas seulement la base de la production de la viande, ce sont elles qui, alimentent les
herbivores domestiques, assurent à celles-ci leur
approvisionnement en fumier, ensuite on peut planter
des arbres fruitiers qui auront un produit rémunérateur. On sait qu'en agriculture on n'a jamais trop
de fourrage ; le sage proverbe : « qui a du foin a du
pain, » est connu et appliqué partout où la culture du
sol est pratiquée avec intelligence.

Pour pouvoir tirer le meilleur parti des graminées,

soit en horticulture pour la création des pelouses, soit en agriculture en qualité de plantes fourragères par excellence, il faut les étudier et les connaître à fond, pour bien connaître leurs propriétés individuelles, afin de n'employer que celles qui peuvent donner des résultats avantageux dans des conditions déterminées du sol, du climat et d'exposition. — Je me mets entièrement à la disposition des personnes qui m'en feront la demande pour leur donner tous les renseignements désirables et nécessaires à la culture des graminées ; je donne d'ailleurs plus loin une description de toutes les espèces de graminées avec les propriétés qu'elles renferment, un coup d'œil sur ce tableau permet aux cultivateurs dévoués au progrès, de choisir eux-mêmes les graminées les mieux appropriées aux terrains.

Des climats et des terres propres à la création des prairies naturelles. — Tous les climats que nous connaissons sont propres à la création des prairies et pâtures, à la condition de donner à chaque espèce de graminée le sol qui lui convient et qui réunit les conditions les plus favorables à la végétation.

Quelques-unes, telles que le Ray-Grass anglais, peuvent être semées seules ; mais en général pour former de belles prairies et pelouses, à la fois rustiques et durables, de riches tapis d'une verdure aussi uniforme que possible, on sème en mélange des graines de diverses graminées, associées entre elles dans de justes proportions.

Ces mélanges sont connus sous le nom de *Law Grass*.

Préparation du terrain destiné aux Graminées. — Le terrain qu'on se propose d'ensemencer en graines de graminées, doit être bien fumé et préparé par de bons labours, dont un, au moins, avant l'hiver. En général, il ne faut pas que l'époque de ces labours soit trop rapprochée de celle des semis ; du reste, quand les circonstances obligent à semer sur un labour trop récent, on raffermit le sol en y passant le rouleau. Pendant les labours, on enlève avec le plus grand soin les racines des plantes vivaces qui peuvent se rencontrer en terre, afin de n'avoir pas de plantes étrangères mêlées aux graminées qui doivent composer les prairies, pâtures ou pelouses.

Des semis. — On peut ensemencer les prairies, pâtures ou pelouses pendant toute l'année ; l'automne est la saison la plus favorable, quand le sol est naturellement sec ; s'il est par trop frais, il vaut mieux retarder les semis jusqu'au printemps. La graine de Law Grass doit être semée à raison de 80 à 100 kil. à l'hectare selon la nature du sol et si c'est pour faucher ou pâturer.

Il faut semer par un temps très-calme, autrement il est impossible de répandre les graines également sur toute la surface du sol. On sème en même temps les graines de même nature et à peu près du même volume, qu'on a soin de mélanger d'avance.

Les graines les plus grosses sont semées en premier lieu et recouvertes par un fort hersage ; les graines fines ne sont semées qu'après ce hersage, et ne doivent être recouvertes que *très-légèrement*, ensuite on passe le rouleau.

Chacune des plantes qui entrent dans la composition du Law Grass a son mode particulier de végétation ; il en résulte que leurs graines ne lèvent pas toutes en même temps. — Le Ray Grass anglais commence à sortir de terre 7 à 8 jours après le semis ; le brôme, la cretelle, le paturin, les fétuques, la flouve, lèvent successivement ; l'agrostis lève la derniere, en sorte que la levée des semis de Law Grass n'est complète qu'au bout de 25 à 30 jours.

Les pelouses doivent être fauchées à des intervalles assez rapprochés pour que pas une des plantes qui les composent ne puisse porter graine ; ce qui leur fait un grand tort. — Après chaque coupe, le gazon doit être passé au rouleau. Bien entretenus les gazons peuvent durer indéfiniment.

Les prairies de *la Lys*, les plus renommées de toutes par l'abondance, et la qualité de leurs produits, contiennent beaucoup d'ivraie vivace ou Ray Grass d'Angleterre. Viennent ensuite la fléole des prés, le vulpin des prés, la fétuque élevée, la fétuque des prés, la houque laineuse ; les cultivateurs qui ont eu mes graines de la Lys en sont très-satisfaits.

Choix de semences pour prairies naturelles. — Trop souvent par mesure d'économie, nos cultivateurs prennent le *poussier* de foin de leurs greniers vides (appelés vulgairement fonds de greniers) et s'en servent soit pour créer des prairies, soit pour regarnir des prairies existantes. C'est un détestable usage car la plupart des graines qui se rencontrent dans ce poussier sont à peine formées ou incomplètement mûres. C'est facile à comprendre puisque l'on fauche l'herbe au moment de la floraison non après la maturité des graines. Il est bon à remarquer, en outre que parmi ces semences, il s'en trouve nécessairement dont on se passerait bien.

Une foule de plantes, les unes décidément nuisibles, les autres de qualité inférieure, s'y trouvent nécessairement en grand nombre, en semant ces fonds de greniers, il se trouve plus de mauvaises herbes que de bonnes ; on échappe à cet inconvénient en employant nos graines qui sont cultivées toutes séparément et bien épurées, exemptes d'aucun mélange et de mauvaises plantes parasites telles que chiendent, cuscute, teigne qui font de si grands ravages et dont les cultivateurs font des plaintes de plus en plus alarmantes.

La différence de dépense pour ces deux modes de semis est plus apparente que réelle.

D'une part la graine de foin dont on sait d'avance qu'une grande partie ne lèvera pas, doit être employée à dose très-élevée (350 à 400 kilogrammes à l'hectare).

Les graines pures avec lesquelles nous composons nos mélanges, peuvent au contraire couvrir un hectare sous un volume peu considérable, représenté par un poids variant entre 80 à 100 kilogrammes selon la nature du sol à ensemencer.

On verra que l'ensemencement d'un hectare, au moyen des compositions, revient en fin de compte et tous frais compris, à bien meilleur marché, tout en donnant des résultats plus assurés et supérieurs, et que la préférence que nous réclamons pour les compositions (chaque fois qu'au lieu d'employer ses propres fonds de greniers on achète des graines de prairies), est grandement justifiée.

De la création des prairies naturelles. — Les cultivateurs ne se décident pas aisément à retourner de vieux prés et se décident difficilement à en créer de nouveaux; mais dans l'un ou l'autre cas on a souvent tort. Toutes les fois qu'une prairie est usée, il y a profit à y mettre la charrue et à retourner le gazon et le remplacer par des bonnes graines épurées, car c'est dans la plupart des cas, la culture des graminées qui coûte le moins et qui rapporte le plus.

De la crise agricole. — L'agriculture souffre depuis longtemps et périclite aujourd'hui.

Dans un moment de crise, quand il faut calculer avec les prix de revient et de vente les frais généraux dont l'agriculture est accablée, les cultivateurs doivent être naturellement forcés à abandonner certains produits qui ne sont plus assez rémunérateurs et à tourner leur activité sur de nouveaux essais.

Quels sont les produits à abandonner.

Cultivateurs, laborieux et sérieux vous les connaissez ces produits. Je ne me permettrai pas de vous les dicter, car vous savez mieux que tout autre, qu'ils sont en train de nous conduire à la ruine de notre agriculture qui était si florissante jadis, si nous ne les abandonnons pas sans tarder. — La concurrence étrangère sera trop grande pour que nous puissions y résister. — C'est ainsi que dans bien des contrées et notamment dans le Cambrésis on est porté à se livrer davantage à l'élevage des bestiaux.

Le journal *L'Agriculture du Nord* donnait dernièrement la statistique agricole que voici, qui est de nature à vous intéresser.

	Coût en 1826		en 1882	
Bœuf, par tête. . . .	200 fr.	»»	460	»»
Mouton, id.	17	»»	50	»»
Porc, id.	30	»»	115	»»
Œufs, le quarteron . .	0	80	1	45
Beurre, le kilog . . .	1	50	3	30
Vin, hectolitre. . . .	64	»»	107	»»

DESCRIPTION des PLANTES FOURRAGÈRES

DE LA FAMILLE DES GRAMINÉES

Propres à faire des PRAIRIES & PATURES.

Agrostis traçante. — Les graines des agrostis sont très-fines et demandent à être peu recouvertes. L'agrostis végète avec une forte vigueur — son peu d'élévation ne permet pas toujours qu'on puisse la faucher. — Comme plante gazonnante, l'agrostis traçante est très-recherchée. Elle entre pour une bonne part dans la composition des Law Grass, car bien qu'elle préfère les terrains frais, elle donne, relativement de bons résultats dans les terrains secs.

Agrostis vulgaire. — Vivace tardif, foin fin ; croît en tous terrains propres à former des prés, des pâturages, gazons ; réussit assez bien à l'ombre.

Avoine élevée fromental. — Vivace, très-hâtive, très-productive, foin haut, un peu gros, mais de bonne qualité ; remonte très-franchement, bonne plante à regain et à pâture ; craint l'humidité trop forte ; réussit à peu près dans tous terrains ; convient pour prés à foins et à pâture, son foin est particulièrement recherché des bœufs et des moutons.

Avoine petit fromental.— Graminée très-productive, son fourrage a d'excellentes qualités. Le fromental dure longtemps, mais les prairies où il domine doivent être fumées périodiquement, sinon elles s'épuisent. On peut considérer le fromental comme l'une des meilleures graminées fourragères.

Brôme des prés. — Vivace, rustique, très-durable, hâtif, productif, fourrage un peu dur et assez gros, mais de très-bonne qualité étant cueilli jeune; prés à foin, pâtures, gazons, aussi bien en vallées et en plaines qu'en coteaux et en montagnes, propre pour tous terrains; plantes pour garnir des sables médiocres et surtout des terres calcaires, maigres et sèches, remonte assez franchement. Le Brôme des prés quand il est fauché avant d'être fleuri, donne un foin de qualité supérieure, même dans les terrains arides. Il fournit encore, vers la fin de la belle saison, un pâturage abondant aux bestiaux, après avoir deux bonnes coupes d'herbe à sécher. — La durée en plein rapport du brôme des prés est indéfinie dans les prairies naturelles où il est associé à d'autres graminées. Le brôme des prés se reproduit par le semis naturel de ses graines.

Brôme de Schrader. — Vivace, fourrageux; tiges droites de 0^m70 à 1^m50. Remarquable par sa précocité au printemps et plus encore par sa végétation soutenue très-tard à l'automne. Son produit est très-considérable. — Il demande un terrain d'assez bonne qualité, bien cultivé et être semé seul.

C'est une des plantes fourragères qui exige le moins de soin et de frais de culture. Le brôme Schrader s'empare complètement du terrain et n'y souffre pas d'autre végétation que la sienne; doué d'une vigueur remarquable, le brôme de Schrader n'exige pas de terrain particulier.

A tous ces avantages il convient d'ajouter que le brôme de Schrader, végète pendant tout l'automne et une partie de l'hiver, ce qui permet d'avoir du fourrage frais à une époque où ce produit manque généralement. Dans les bons terrains on obtient du brôme de Schrader 30,000 kil. de fourrage frais par hectare, en quatre coupes, qui sont l'équivalent de 12,000 kil. de fourrage sec. *(50 kilog.* de graines suffisent pour un hectare).

Le fourrage frais ou sec du brôme de Schrader est très-nourrissant pour tous les bestiaux ; il augmente le lait des vaches laitières ; il engraisse rapidement les porcs ; les animaux peuvent le consommer à discrétion sans être exposés ni à la météorisation, ni à aucune autre maladie.

Canche flexueuse. — Vivace, hâtive, foin médiocre, peu productif, pour pâture, vient également sous les bois.

Canche aquatique. — Vivace ; plante précoce, foin et feuillage recherchés du bétail, des canards et les autres oiseaux aquatiques. Graminée recherchée pour utiliser les lieux inondés ; pour pâturage.

Cretelle des Prés. — Vivace, demi-hâtive ; foin fin de très-bonne qualité ; prés, pâtures, s'associe à tous terrains ; on prétend que les prés dans lesquels domine la Crételle passent pour préserver les moutons de la maladie du piétin. Elle donne une si belle verdure, que la présence de cette plante peut être considérée comme le complément obligé de tous les mélanges destinés à l'ensemencement des belles pelouses.

Dactyle pelotonné. — Vivace, hâtif, très-productif ; foin un peu gros, excellent surtout mangé vert ; pour prés, pâtures et tous terrains même très-secs ; réussit très-bien à l'ombre et sous les arbres fruitiers.

Cette graminée peut être fauchée jusqu'à trois fois par an, mais les tiges deviennent un peu dures aux approches de la maturité des graines. — Le Dactyle pelotonné, pour cette raison, convient mieux pour les pâturages permanents que pour faucher.

Fétuque des Prés. — Vivace, tardive, très-productive ; foin un peu gros, mais de · très-bonne qualité ; plante pour les prés bas et pâtures en terrains frais et riches.

La Fétuque des Prés se distingue par la longueur et l'abondance de ses feuilles, qui rendent son fourrage, frais ou sec, très-nourrissant. Le foin des prairies où domine la Fétuque des Prés est recherché de tous les bestiaux.

Fétuque élevée. — Vivace, demi-hâtive ; foin de bonne qualité, un peu gros ; prés et pâtures ; une des espèces les plus utiles pour prairies durables.

Fétuque durette. — Vivace, hâtive ; une des meilleures graminées fourragères pour les terrains en pente peu fertiles ; son fourrage est très-recherché des bestiaux. — Sans être très-haute, la Fétuque durette forme néanmoins de bonnes prairies ; très-résistante à la sécheresse et conservant très-bien sa verdure en hiver.

Fétuque ovine (des brebis). — Vivace, hâtive, peu productive, à touffes moins grosses, feuilles plus longues ; pâtures, gazons résistant aussi bien à l'ombre qu'au soleil ; très-recherchée des moutons.

Fétuque rouge, traçante. — Vivace, hâtive, traçante, tiges de 40 à 50 cent. La fétuque rouge possède les propriétés de la fétuque ovine, à laquelle néanmoins elle est inférieure comme fourrage. Considérée à juste titre comme essentiellement gazonnante, la fétuque rouge entre pour une large part dans la composition du Law-Grass destiné à l'ensemencement des prairies.

Fléole des prés (timothy). — Vivace, tardive, très-productive ; foin gros, mais de bonne qualité et très-nutritif ; prés et pâtures permanentes. Se cultive aussi soit seule, ou avec d'autres graminées, avec du trèfle hybride pour les terrains humides, froids ou argileux. Convient à tous les terrains ; sa culture se répand de plus en plus, le rendement est considérable; 10 kil. de graine de fléole suffisent pour un hectare.

Flouve odorante. — Vivace, très-hâtive; foin fin très-parfumé; pour prés et pâtures; vient très-bien à l'ombre et convient aux gazons sous bois. Graminée propre pour prairies, pâtures, pelouses, à cause de l'odeur agréable et aromatique qu'elle communique, en séchant, au foin des autres plantes, le rendant ainsi plus appétissant et lui donnant plus de valeur.

Houque laineuse. — Vivace, demi-hâtive, très-productive, tige de 80 cent. à 1 mètre; forme de belles touffes dans les prés humides et tourbeux, remonte volontiers. Bonne plante à regains et à pâture.

Houque molle. — Vivace, tardive, peu productive, très-traçante et pouvant être utilisée pour tapisser et fixer les pentes en terrains frais, froids, glaiseux, ombragés ou couverts; foin de médiocre qualité.

Panis élevé. — Vivace, de longue durée; tiges très-élevées, touffes volumineuses. Bien que le panis supporte les hivers, sa culture n'est réellement propre qu'aux climats chauds.

Paturin des prés. — Vivace, très-hâtif, productif, très-traçant et résistant à la sécheresse: foin très-fin, nourrissant et de bon goût; pâtures, prés, gazons. Le paturin des prés s'associe à tous terrains lorsqu'il est associé à d'autres graminées dans les prairies naturelles, il finit par y dominer en étouffant une partie des plantes moins robustes que lui.

Les propriétés gazonnantes de cette plante permettent de l'utiliser fructueusement.

Son foin se ramollit beaucoup moins en séchant que celui du paturin commun.

Paturin des bois. — Vivace, rustique, durable,

très-hâtif, très-bon foin ; prés et pâtures, gazons ;
vient très-bien à l'ombre et sous les arbres et aussi
bien dans les lieux découverts, s'approprie à tous les
terrains. Les bestiaux aiment beaucoup cette
graminée.

Paturin aquatique. — Vivace, tardif ; très-grande
et grosse graminée, fait d'excellentes litières.

Graminée avantageuse à cultiver dans les terrains
marécageux des rivières et des lacs, elle ne s'y
maintient qu'à la condition d'avoir toute l'année ses
racines dans l'eau. Tous les bestiaux acceptent le
paturin aquatique ; on en obtient deux coupes pour
fourrage sec et une troisième pour litière.

Ray-Grass anglais. (Lolium perenne). — Vivace ;
produit du foin un peu dur ; très-nutritif et excellent
si on le coupe au commencement de l'épiation.

Il n'est personne qui ne connaisse les propriétés
nutritives de cette graminée pour l'entretien et
l'engraissement des bestiaux. C'est avec le Ray-Grass
qu'on forme principalement ces beaux tapis verts qui
sont l'un des ornements des jardins paysagers.

Ray-Grass de Pacey. — Variété très-vivace du
Ray-Grass anglais, à feuillage très-abondant, d'une
durée plus robuste que le Ray-Grass anglais, recommandée spécialement pour la formation des gazons et
pelouses d'agrément.

Ray-Grass d'Italie. — Très-hâtif, produisant
abondamment dans l'année même du semis, foin de
bonne qualité, tant en vert qu'en sec ; prairies artificielles, prés, pâtures. Le Ray-Grass d'Italie l'emporte
sur le Ray-Grass anglais par l'abondance et la qualité
supérieure de son fourrage, le meilleur de tout pour
les chevaux. Il résiste mieux à la sécheresse que le
Ray-Grass anglais, seulement, c'est plutôt un fourrage qu'une plante gazonnante.

Vulpin des prés. — Vivace, très-hàtif; foin un peu gros, mais de très-bonne qualité; prés, pâtures en terrains frais et même humides; repousse rapidement en feuille. Bonne plante pour pâturage.

Vulpin genouillé. — Vivace, hâtif, peu productif; terrains marécageux, humides ou inondés.

PLANTES ÉCONOMIQUES
ET LÉGUMINEUSES DIVERSES.

TRÈFLE.

Il y a deux siècles environ, l'usage de cette légumineuse était complètement inconnu, et sa culture n'existait pas, c'est en Belgique qu'elle prit naissance; et se répandit ensuite dans toute l'Europe. Aujourd'hui, le trèfle augmente de plusieurs millions la richesse des nations et rend de grands services à l'agriculture.

Il existe un grand nombre d'espèces de trèfles violets, qui n'ont certainement presque pas de valeur dans notre contrée, il est de l'intérêt du cultivateur à s'assurer d'avoir de la graine de *gros trèfle flamand*, (à grosses tiges) exempt de plantain, cuscute, teigne, etc., etc., qui font tant de ravages à l'agriculture. — Il arrive souvent que des marchands ne connaissant même pas la partie ou peu consciencieux, ne cherchant qu'à réaliser de gros bénéfices, achètent des graines de *trèfle d'Amérique;* et par la modicité du prix de cette graine sollicitent les cultivateurs, en leur assurant leur fournir un gros trèfle bien épuré, ceux-ci trop confiants se laissent ainsi tromper, —

qu'en advient-il? Les feuilles se crispent, les tiges ne montent pas, la majeure partie des pieds sèche, attaquée d'une espèce de pourriture. Le cultivateur attribue cette maladie d'abord à l'état du sol, puis à la température, enfin à trois ou quatre causes plus ou moins vraisemblables, mais la mauvaise qualité de la graine ne leur vient jamais à l'esprit.

Les trèfles ont encore à souffrir les ravages de deux plantes parasites qui sont l'orabanche et la cuscute teigne, qui se trouvent dans les graines de médiocre qualité non épurées. — Lorsque la cuscute envahit un champ de trèfle, il faut faucher la place et allumer du feu, ou bien arroser cette place avec de l'eau chargée de sulfate de fer.

Trèfle de Bretagne. — Race de trèfle ordinaire vigoureuse et productive, très-bon pour pâturages.

Trèfle blanc. — Vivace ; très-traçant, à fleur blanche ou blanc carné ; très-bons pâturages pour les moutons et pour tous les animaux, bonne plante à introduire dans les mélanges pour prés, pâtures et gazons ; s'associe à tous les terrains, résistant à la sécheresse.

Trèfle hybride. — Vivace ; fourrage d'excellente qualité abondant ; d'un développement rapide particulièrement propre à utiliser les terrains froids et trop humides pour que les autres trèfles y résistent. Bonne plante pour former des prairies artificielles et pour mélanger dans les compositions pour prairies naturelles.

Trèfle incarnat hâtif. — Cette espèce se rencontre et se cultive un peu partout, par sa précocité et par ses qualités nutritives il rend de grands services à l'agriculture, on le sème ordinairement seul sur les chaumes à la fin de l'été, au commencement de l'automne pour couper au printemps.

Trèfle incarnat tardif. — Même variété que le précédent ; plus tardive de 12 à 15 jours, et qui a
ainsi l'avantage de lui succéder en produit.

Trèfle incarnat à fleur blanche. — Variété plus
tardive · encore d'une quinzaine de jours que le
tardif ordinaire, moins rustique, la graine est
blanche, tandis que celle des autres est jaune.

Luzerne. — Il existe également plusieurs espèces
de luzerne, je crois devoir mettre mes lecteurs un
peu au courant afin qu'ils se mettent en garde
contre les agissements des marchands peu consciencieux, — nous commencerons par la plus recommandable, la *luzerne flamande*, — vivace à racine
pivotante, réussissant dans toutes terres, saines,
profondes, et mêmes humides.

La différence entre les autres luzernes c'est que
la *luzerne flamande* a une durée incontestable et
vigoureuse pendant une dizaine d'années, sa graine
est beaucoup plus belle, plus nourrie, elle lève plus
épaisse et fournit des plants plus vigoureux et
en plus grand nombre sur la même superficie de
terrain, — quantité à semer, 20 à 25 k. à
l'hectare.

Luzerne de Provence. — Assez fourrageuse,
mais à tiges isolées résistant moins que la *luzerne
flamande*, 25 à 30 kil.

Luzerne d'Italie. — Traînante, vigoureuse et
envahissante, en apparence très-fourrageuse, mais
la seconde année il ne reste rien ou presque rien.

Luzerne du Poitou. — Variété de la précédente
qu'il faut bien se garder de cultiver ; la graine est
reconnaissable ; elle est beaucoup moins nourrie et
ne formant pas le cœur ou le haricot si l'on veut.

Lupuline ou Minette. — Bisannuelle, cultivée seule,

2

soit mélangée avec graminées, fourrage assez fin et de bonne qualité ; pâturage précoce de bonne qualité ; recherchée des moutons.

Sainfoin commun. — Vivace, rustique, plante par excellence pour faire faucher ou pâturer, semer assez dru et de bonne heure au printemps.

Sainfoin double (à deux coupes), vivace, rustique, plus vigoureux que le précédent, donnant deux coupes, on peut le mélanger au trèfle à la luzerne ; semer 140 à 150 kil. à l'hectare.

Serradelle. — Légumineuse annuelle, quelquefois permanente quand les hivers sont doux ; donne ordinairement une coupe et un regain dans une terre favorable, elle produit deux bonnes coupes, d'un fourrage fin et de bonne qualité ; bon pâturage à moutons, très-résistant à la sécheresse. La serradelle se sème d'ordinaire au printemps et en juin, juillet. Elle commence à se répandre dans les Flandres et le Brabant, on sème cette plante à raison de 20 à 25 kil. à l'hectare. Plusieurs de nos clients nous ont dit avoir obtenu en vert jusque 12 à 15,000 kil. par hectare, la serradelle peut rendre des services signalés, là où la réussite d'autres fourrages sera douteuse.

Vesce (commune de printemps) annuelle. Excellent et abondant fourrage vert, soit en mélange avec diverses autres plantes ; semer avec un peu d'orge ou d'avoine pour soutien, en enterrant convenablement la graine de mars jusqu'en juillet, la vesce préfère des terres d'assez bonne qualité, un peu fortes et fraîches quoique saines.

Vesce d'hiver. — Variété de la précédente, propre au semis de septembre à la mi-novembre, soit seule ou mélangée d'escourgeon, de seigle ou d'avoine d'hiver ; forme les fourrages verts à semer d'automne pour couper au printemps.

Pois des champs. — Le *pois des champs* ne doit pas être confondu avec les *pois de champs* qui sont des variétés comestibles à l'usage de l'homme, mais leur culture n'en est pas moins la même. Le *pois des champs* est celui que nous connaissons sous les noms de *pois gris, bisaille, pois agneau, pois de brebis et pois de pigeons.* C'est une plante annuelle exclusivement destinée aux animaux, soit à titre de fourrage vert, de fourrage sec.

On fume rarement pour cette plante. Le *pois des champs* a une variété d'hiver assez robuste et une variété de printemps qui l'est moins. On sème la première en septembre dans les terrains secs, et la seconde de mars en mai, celle d'hiver à raison de 250 litres par hectare à la volée, celle de printemps à raison de 200 litres seulement. Le *pois gris* fait partie de ces mélanges fourragers qu'on appelle dragée, bisaille, ou mélarde.

N° 1. Mélange pour terrain élevé.

1ᵉʳ SEMIS, *les graines suivantes mélangées*
(herser très-fort).

Dactyle pelotonné.	Fétuque rouge.
Brôme des prés.	Ray-Grass anglais.
Fromental.	

2ᵉ SEMIS, *(petites graines) (herser légèrement).*

Pâturin des prés.	Cretelle des prés.
Houve odorante.	Trèfle blanc.

Prix de revient à l'hectare, 80 francs.

N° 2. Mélange pour terrain en pente.

1ᵉʳ SEMIS, *(grosses graines) (herser très-fort).*

Brôme des prés.	Fétuque rouge.
Avoine jaunâtre.	Ray-Grass d'Italie.
Fétuque élevée.	Dactyle pelotonné.

2ᵉ SEMIS, *(petites graines) (herser légèrement).*

Cretelle des prés.	Canche flexueuse.
Agrostis traçante.	Trèfle blanc.

Prix de revient à l'hectare, 85 fr. 50 centimes.

N° 3. Mélange pour terrain sec.

1ᵉʳ SEMIS, *(grosses graines) (herser très-fort).*

Dactyle pelotonné.	Brôme des prés.
Fétuque ovine.	Fromental.
Fétuque rouge.	Ray-Grass anglais.

2ᵉ SEMIS, *(petites graines) (herser légèrement).*

Canche flexueuse.	Houve odorante.
Agrostis traçante.	Pâturin des prés.
Cretelle des prés.	Trèfle blanc.

Prix de revient à l'hectare, 85 francs.

N° 4. Mélange pour terrain humide.

1er SEMIS, *(grosses graines) (herser très-fort).*

Houque laineuse.	Ray-Grass anglais.
Fétuque des prés.	Vulpin des prés.

2e SEMIS, *(petites graines) (herser légèrement).*

Agrostis traçante.	Pâturin des prés.
Timothy.	Trèfle blanc.
Houve odorante.	Trèfle hybride.

Prix de revient à l'hectare, 82 francs.

N° 5. Mélange pour Pâturage.

1er SEMIS, *(grosses graines) (herser très-fort).*

Brôme des prés.	Ray-Grass anglais.
Sainfoin à deux coupes.	Canche aquatique.
Fétuque ovine.	

2e SEMIS, *(petites graines) (herser légèrement).*

Agrostis traçante.	Houve odorante.
Cretelle des prés.	Trèfle blanc.

Prix de revient à l'hectare, 82 fr. 50.

N° 6. Mélange pour Prairie.

1er SEMIS, *(grosses graines) (herser très-fort).*

Avoine petit Fromental.	Fétuque élevée.
Fétuque des prés.	Fétuque rouge.
Vulpin des prés.	Ray-Grass anglais.

2e SEMIS, *(petites graines) (herser légèrement).*

Agrostis traçante.	Cretelle des prés.
Trèfle blanc.	Timothy.

Prix de revient à l'hectare, 75 francs.

N° 7. Mélange pour terrain d'alluvion.

1er SEMIS, *(grosses graines) (herser très-fort).*

Fromental.
Fétuque des prés.
Dactyle pelotonné.
Brôme des prés.

Houque laineuse.
Avoine jaunâtre.
Ray-Grass anglais.
Vulpin des prés.

2e SEMIS, *(petites graines) (herser légèrement).*

Pâturin des prés.
Houve odorante.
Agrostis traçante.

Timothy.
Trèfle blanc.

Prix de revient à l'hectare, 75 fr. 85.

N° 8. Mélange pour terrain argilo-calcaire.

1er SEMIS, *(grosses graines) (herser très-fort).*

Fromental.
Fétuque rouge.
Dactyle pelotonné.

Brôme des prés.
Ray-Grass anglais.
Vulpin des prés.

2e SEMIS, *(petites graines) (herser légèrement).*

Cretelle des prés.
Agrostis traçante.

Pâturin des prés.
Trèfle blanc.

Prix de revient à l'hectare, 80 francs.

N° 9. Mélange pour terrain marécageux.

1er SEMIS, *(grosses Graines), herser très-fort*

Ray-grass anglais.
Fétuque élevée.

Fétuque flottante.
Vulpin des prés.

2e SEMIS *(petites Graines) herser légèrement.*

Pâturin aquatique.
Agrostis traçante.

Timothy.
Canche aquatique.

Prix de revient à l'hectare, 100 fr.

N° 10. Mélange pour terrain argileux.

1er SEMIS *(grosses Graines), herser très-fort.*

Ray-grass anglais. Houque laineuse.	Vulpin des prés.

2e SEMIS *(petites Graines), herser légèrement.*

Timothy. Trèfle blanc.	Trèfle hybride.

Prix de revient à l'hectare, 82 fr.

N° 11. Mélange pour terrain argilo-calcaire.

1er SEMIS *(grosses Graines), herser très-fort.*

Brôme des prés. Fétuque rouge. Fromental.	Ray-grass anglais. Dactile pelotonné.

2e SEMIS *(petites Graines), herser légèrement.*

Agrostis traçante. Cretelle des prés.	Pâturin des prés. Trèfle blanc.

Prix de revient à l'hectare, 85 fr.

N° 12. Mélange pour terrain argilo-silicieux.

1er SEMIS.

Vulpin des prés. Brôme des prés. Fétuque des prés.	Fétuque rouge. Fromental. Houque laineuse.

2e SEMIS *(petites Graines).*

Agrostis traçante. Canche flexueuse. Pâturin des prés.	Flouve odorante. Trèfle blanc. Trèfle hybride.

Prix de revient à l'hectare, 75 fr. 85.

N° 13. Mélange pour terrain calcaire.

1er SEMIS *(grosses Graines), herser très-fort.*

Brôme des prés.	Fromental.
Fétuque ovine.	Flouve odorante.
Fétuque rouge.	Ray-grass anglais.

2e SEMIS *(petites Graines), herser légèrement.*

Trèfle blanc.	- Agrostis traçante.

Prix de revient à l'hectare, 71 fr. 35.

LA MALADIE DE LA POMME DE TERRE

La pomme de terre, c'est le pain pour le pauvre.

La maladie du précieux tubercule dont la France est redevable à Parmentier, est une de celles qui doivent préoccuper au plus haut point, les nations et les masses.

La pomme de terre est en effet un aliment précieux, utile au riche, indispensable au pauvre, qui en fait sa principale nourriture.

Rien par conséquent n'est plus sérieux que l'étude de la culture et les moyens propres à arrêter les progrès de la terrible maladie qui compromet l'alimentation des nations entières.

Beaucoup de cultivateurs se sont vus même forcés d'abandonner la culture de ce tubercule au moment où la maladie sévissait avec le plus d'intensité.

Le sol qui convient à la pomme de terre est un sol léger, à base de silice principalement.

Dans la région du Nord on a la déplorable habitude de charger la terre, en février, d'une couche de fumier *frais*, on laboure ensuite et l'on plante immédiatement.

Ce mode cultural ne vaut absolument rien, et c'est lui qui nous donne les tubercules aqueux, sans saveur et sans goût, manquant de fécule et qui souvent languissent et pourrissent même.

Le choix des tubercules est également très-important, on doit les prendre, autant que possible, de moyenne grosseur et les laisser entiers, — s'ils sont

trop gros on les coupe en deux, en ayant bien soin
de laisser les yeux intacts afin de leur laisser toutes
leurs vertus.

La plantation et le premier binage effectués dans
de bonnes conditions, il faut s'occuper d'une opération beaucoup plus importante qu'on ne le croit
généralement, c'est le buttage, car plus les tubercules
sont enfouis dans le sol, plus ils sont privés des
principes organiques que leur apportent l'air et la
lumière ; on doit donc butter légèrement.

Après avoir fait bien des essais, voici le procédé
recommandable. On écarte d'abord les tiges en ayant
soin de mettre un peu de terre au centre, puis en
ramenant la terre de chaque côté, les tiges se rappro-
chent du centre après avoir fait un coude assez
marqué. Cette sorte de gêne imposée aux tiges a
pour effet de favoriser les tubercules au détriment
des organes foliacés et d'augmenter à la fois le rendement et la qualité.

Depuis une trentaine d'années malheureusement
la maladie attaque trop souvent les pommes de terre.

Quelques-uns prétendent que le coupage des tiges
évite la maladie, il n'en est rien ; il résulte de cette
opération, qu'elle arrête tout court le développement
des tubercules au détriment des foliacés, ils restent
tellement petits que la récolte en devient presque
nulle.

Quelles sont les causes et l'origine de la maladie de
la pomme de terre ?

Cette maladie se trouve et se développe sur la partie
inférieure de la tige, elle est occasionnée par des êtres
de la famille des coléoptères, dont la poitrine est
armée d'une longue pointe dirigée en avant ; ces êtres
attaquent les tiges des pommes de terre et se
multiplient d'une façon inouïe, (là où cent femelles
ont pondu au commencement de mai, on peut ren-

contrer quelque temps après 50 à 60 millions de descendants) et finissent par l'envahir d'une plante parasite qui a déjà reçu le nom de *peronospora infestans*, qui appartient à la classe des champignons, végétaux remarquables par leur nutrition analogue à celle des animaux. On sait que les plantes à *chlorophylle* organisent la matière par la formation des substances organiques aux dépens de l'acide carbonique et de l'eau. Les champignons étant essentiellement dépourvus de chlorophylle, sont dépourvus de cette faculté d'assimilation, et ils sont réduits à vivre en parasites sur les plantes vertes ou au milieu de produits organiques qui se propagent même à de grandes distances.

La cause de la maladie étant parfaitement connue, j'ai fait de nombreux essais et sur plus de 45 variétés, le succès a enfin couronné mes efforts. Le procédé qui m'a réussi pour préserver de la maladie mes pommes de terre est d'une application fort simple et peu coûteuse, j'adresse *franco* contre la somme de *dix francs*, l'instrument accompagné du procédé et le mode d'emploi (le coût du procédé par hectare est de 5 fr.)

Lorsque vous voyez apparaître les premiers symptômes de la maladie ; lorsque, par l'aspect des fanes vous vous apercevez que votre récolte est compromise, vous emploierez mon procédé que vous trouverez efficace.

Si, comme je l'espère, les sacrifices que je n'ai cessé de faire jusqu'ici pour l'agriculture sont couronnés de succès ; je m'estimerai heureux d'avoir contribué à l'enrichir d'un procédé contre la maladie de ce précieux légume dont le produit est si rémunérateur et indispensable à toutes les classes de la société.

CALENDRIER AGRICOLE

TRAVAUX DE CHAQUE MOIS.

1er Mois. — JANVIER.

Le premier mois de l'année n'est pas, pour le jardinier, l'époque de sa plus grande activité dans son jardin ; la neige, la gelée, rendent impossibles les travaux du dehors ; néanmoins la besogne ne lui manque pas, et s'il tient à ne rien négliger de ce qui rentre dans le cercle de ses attributions, il aura lieu de reconnaître qu'en janvier, aussi bien que dans les autres mois de l'année, le repos absolu n'est pas plus fait pour lui que pour la terre.

Potager. — Préparer le sol pour semer sur couche ou sous chassis des carottes hâtives, des pois hâtifs (caractacus), des haricots flageolets verts, des petites laitues gottes et à couper, des radis et des poireaux. — Fumer et amender les carrés de légumes. — Songer à forcer sur couches, les melons, tomates, les aubergines, les concombres, les choux-fleurs Lenormand. le hâtif d'Erfurt ; ou peut dans le courant de janvier, planter sur couche des pommes de terre Marjolin germées, que vous récolterez 40 jours après la plantation. Soigner les laitues passion d'hiver repiquées en novembre, — ouverture des fosses pour la plantation, en mars, avril des griffes d'asperges.

Jardin fruitier. — On peut si le temps le permet et si le sol est meuble continuer la plantation des

arbres fruitiers et d'ornement, enlever les racines,
le bois pourri, — s'il ne gèle pas on peut commencer
la taille des arbres fruitiers, on en profite pour
débarrasser, des mousses et des lichens, l'écorce des
racines arbres fruitiers.

Parterre. — On voit déjà les progrès sensibles de
la végétation des jacinthes, des tulipes, des anémones,
des narcisses, plantées en pleine terre, ces plantes
craignent peu le froid et n'ont pas besoin de protec-
tion, cependant quand la température l'exige il serait
bon de les couvrir, non de fumier, mais de litière
sèche ; le contact du fumier est mortel pour les
oignons de jacinthe. — Refaire les gazons défec-
tueux. — Tailler les rosiers de collection greffés sur
églantier à haute tige, et de grands rosiers en
buisson. Garnir le parterre de bordures de crocus,
de touffes, de perce-neige. — Dans des temps de
dégel, couvrir les œillets de litière sèche. — On
peut encore planter des jacinthes, tulipes et des
renoncules.

FÉVRIER.

Potager. — On peut semer en pleine terre en
planches des poireaux destinés à être replantés plus
tard, des laitues, épinards, chicorée sauvage, cresson
alénois, persil, cerfeuil, pimprenelle, oseille, panais,
carottes courtes de Hollande et demi-courtes de choix,
des raves, des choux d'Yorck et cœur de bœuf et
de radis. — On plante l'ail et les échalottes. — Semer
en pleine terre les pois hâtifs, tels que : caractacus,
prince Albert, des fèves de marais, des lentilles,
des romaines et des choux-fleurs. — Récolte des
champignons de couche.

La besogne sur les couches chaudes et tièdes est
à peu près la même qu'en janvier ; melons, tomates,
aubergines.

Jardin fruitier. — Terminer les plantations d'arbres fruitiers, labour et fumure au pied des arbres languissants ; ne jamais leur donner que des fumiers très-consommés.

Rechercher avec soin, pendant la taille, les *anneaux* ou *chapelets d'œufs de chenilles* sur les arbres fruitiers. — Tailler la vigne avant le mouvement de la sève.

Parterre.— Dépouiller les arbres et arbrisseaux de leur bois mort et faire la suppression des branches inutiles ou mal situées. — Planter en seconde bordure des crocus et des pensées. Donner de l'air pendant quelques heures, au milieu du jour, aux plantes vivaces et aux rosiers de Chine empaillés pour l'hivernage ; les recouvrir chaque soir. Transplanter dans les plates-bandes des campanules, œillets de poète. — Commencer les semis des plantes annuelles de pleine terre à floraison précoce, comme la julienne de Mahon, le pied d'alouette nain, belle de jour et de nuit, les phlox de Drummond. On met en place, soit en bordures, soit en massifs, les pensées provenant des semis du mois d'août de l'année précédente ; rappelons les clarkia, godetia calliopsio, semer sur couches ou sous chassis, pour les voir dans toute leur beauté : les giroflées quarantaines, amarantes, lobéa, sensitives, verveines, pervenches de Madagascar.

MARS

Potager. — C'est dans la première quinzaine de mars que les travaux de culture jardinière en pleine terre, à l'air libre, reprennent toute leur activité. — *Toutes les graines potagères peuvent être confiées à la terre ;* elles doivent être préservées de deux causes de destructions ; les gelées tardives et le hâle de mars.

Vers le milieu de mars, il survient, tous les ans, des vents du Nord et du Nord-Ouest, à la fois secs et froids, qui durcissent la surface du sol et empêchent les semis de lever ou les jeunes plantes nouvellement levées de se développer.

Les artichauts qui ont supporté l'hiver jusqu'en mars, sans trop en souffrir, sont à peu près sauvés, on peut enlever la litière, on replante des bordures de thym, sauge, sarriette, hysope. — Planter l'ail, l'échalotte, betteraves à salade, radis de toutes les espèces, chicorée, pois mangetout, haricots noirs de Belgique, choux d'Yorck, de Milan, choux-raves, planter les griffes d'asperges, les pommes de terre hâtives, marjolin, hâtives du Loiret, etc. Donner un peu d'air et des arrosages, selon le besoin, aux plantes de melons semés dans des pots et élevés sur couche.

Jardin fruitier. — Achever la taille des poiriers et autres sortes fruitières très-vigoureuses.—Terminer aussi celle des pêchers. — Echenillage avec le plus grand soin avant le développement des arbres fruitiers. — Consolider par de bons tuteurs les jeunes arbres nouvellement plantés. — Abriter les pêchers, et les abricotiers en espaliers, en fleur, ou près de fleurir, contre les gelées nocturnes et les giboulées.

Parterre. — Terminer ces labours et enfouir la fumure dans les plates-bandes libres du parterre. Soigner pendant leur floraison des hépatiques, narcisses, crocus, tulipes duc de Thol, fritilaires, couronne impériale, etc., Mettre en place les griffes de renoncules et d'anémones dans un sol profondément défoncé. Semer la julienne de Mahon, les pieds d'alouette nains ; le réséda, reine Marguerite, coréopsis, balsamines, tagètes, pétunia blanc, zinnia.

La grande culture. — Le cultivateur doit s'occuper de l'achat de ses graines, car le moment arrive pour semer le trèfle flamand, le trèfle blanc *(dit coucou)*, la luzerne flamande, la minette, le sainfoin, les betteraves fourragères, corne de bœuf, la mammouth, la jaune longue d'Allemagne, l'ovoïde des barres, etc., ainsi que les betteraves à sucre, choux cavalier, blanc et rouge, rutabaga, etc., etc.

AVRIL.

Potager. — On est déjà récompensé par une grande variété de produits, on fait la récolte des asperges cultivées à l'air libre. Il importe de ne pas trop se hâter de récolter les asperges qui se montrent les premières, et de ne se servir que de couteaux faits exprès, qui tranchent entre deux terres les asperges à la longueur désirée, sans endommager le collet des griffes, une récolte des premières asperges en avril peut, si elle est faite maladroitement, compromettre tout l'avenir d'un jeune plant dont on a attendu pendant trois longues années les premiers produits. On enlève aux fraisiers, plantés en février, les filets ou coulants, à mesure qu'ils se montrent, afin de donner de la vigueur aux jeunes plantes.

On renouvelle les semis de céleri, de laitues grises, de romaines blondes, de brocolis, de choux de Milan, de carottes rouges longues *flamande d'hiver*, la demi-longue pointue et la nantaise sans cœur, d'épinards, de cerfeuil, de pois Michaux, Victoria de Marow, le gros ridé de Knigth ; on plante toutes les espèces de haricots, on repique le plant suffisamment développé de poireau, de chicorée frisée et de scarole ; les dernières salades repiquées en avril ; on sème sur les couches disponibles la graine de melons qui doit fournir le plant pour la seconde saison.

Jardin fruitier. — Le dernier arbre est taillé ; tout est labouré et paillé. Le jardin fruitier est en parfait état ; les opérations d'hiver sont terminées, continuer la chasse aux limaçons, l'on visite souvent les poiriers et surtout les pommiers, pour détruire les chenilles ; vers le 15, on pratique la greffe en couronne perfectionnée.

MAI.

Potager. — On sème vers le milieu de mai, la graine de cardons en place, c'est dans la seconde quinzaine de mai qu'il faut semer tous les haricots dont on se propose de récolter le grain en qualité de légume sec, semer en outre du pourpier, des brocolis à repiquer, des salsifis, — repiquage des choux de toute espèce, laitues et romaines, endives scaroles, — ramer les pois semés en avril, — soigner la récolte des asperges, — récolter les oignons blancs semés avant l'hiver, les champignons de couche et les pois de pleine terre.

Parterre. — Renouveler les semis de plantes annuelles d'ornement du mois d'avril. Mettre en place du 15 au 20 les tubercules de dahlia. — On peut dès la première quinzaine du mois planter en pleine terre bon nombre d'espèces fleurissantes, par exemple : pelargonium, géranium, verveines, héliotropes, chrysanthèmes, etc., repiquer les zinnias, balsamines, belles de nuit, belles de jour, reine Marguerite, giroflées quarantaines, etc.

Jardin fruitier. — Supprimer sur les arbres fruitiers greffés à haute tige, les pousses inférieures à la greffe ; — Palisser la vigne en espalier et l'abricotier en contre espalier, en évitant d'offenser les bourgeons.

JUIN.

Potager. — On sème en pleine terre, à l'air libre, les graines de toutes espèces de choux, chou de Bruxelles, rouge, d'Yorck, Milan, gros des vertus, etc., de scarole, de chicorée de Meaux, des radis, salade de blé.

Les carottes déjà fortes sont éclaircies ; celles qu'on arrache, pour laisser grossir les autres, peuvent déjà être livrées à la consommation. On renouvelle les semis d'oseille, de pois et de haricots. On peut encore planter quelques variétés de pommes de terre à végétation rapide. Il est indispensable que le potager ne manque d'aucun des légumes de la saison, — avoir soin d'arroser s'il est nécessaire, — mettre en place les salades, choux et choux-fleurs semés au printemps, — récolter les melons précoces cultivés sous chassis, — récolter des artichauts, — tailler les melons de seconde saison.

Parterre. — Continuer les travaux d'entretien et de propreté qui consistent à faucher les gazons aussi souvent que besoin en est, à ratisser les allées, à biner les plates-bandes, massifs ou bosquets, — Soigner la floraison des œillets, — relever, dès que les feuilles jaunissent, les oignons de jacinthes, de tulipes, de jonquilles, de narcisses et les mettre dans un lieu sain et aéré, — donner de forts tuteurs aux dahlias, roses trémières. On peut commencer à semer en terrines les cinéraires.

JUILLET.

Potager.— Semer les derniers pois tardifs (Victoria de Marrow). Repiquer le plant de choux à mettre en place le mois suivant. Arroser avec modération les melons. — Tenir toujours près de la melonnière, des paillassons et de la litière pour couvrir en un tour de

main, en cas d'orage avec menace de grêle. Tordre
les tiges des oignons à conserver pendant l'hiver.
Renouveler les semis d'oignons et de poireaux.
Arracher l'ail et l'échalotte. Récolter les pommes de
terre hâtives. Lier les chicorées et scaroles pour les
faire blanchir. Récolter les haricots verts et à écosses
sans endommager les plantes. Contenir par le pince-
ment de leurs pousses superflues les tomates dont le
fruit approche de la maturité. Prodiguer l'eau deux
fois par jour aux potirons, citrouilles, pour faire
grossir leurs fruits. Récolter les premiers cornichons.

Parterre. — Les belles de jours, les lavatères et
plusieurs autres plantes d'ornement de pleine terre,
annuelles et bisannuelles, ont épuisé leur floraison
dans la première quinzaine de juillet, — elles devront
être remplacées par d'autres tenues en réserve à cet
effet. — Préserver des atteintes des limaces et des
limaçons les premiers boutons à fleur de dahlias. —
Arroser souvent les fuchsias, calcéolaires, chrysanthèmes, planter de distance en distance des héliotropes pour parfumer le parterre. — Planter autour
des massifs d'azaléas et de rhododendrons des bordures de lobélia érinus, d'euphéa et d'hortensia du
Japon, dans la terre de bruyère.

Jardin fruitier. — Commencer aussi à la fin de
juillet la greffe en écusson à œil donnant pour les
espèces, dont la végétation s'arrête plus tôt ; abricotiers, cerisiers, pêchers, etc. Supprimer presque en
totalité les pousses inférieures à la greffe. Surveiller
l'apparition des premiers symptômes de maladie sur la
vigne pour appliquer promptement l'eau soufrée ou
quelque autres remèdes,—éclaircir avec des ciseaux les
grains des grappes trop serrées, — enlever avec
prudence les feuilles qui masquent les pêches et les
empêchent de prendre couleur. En cas de sécheresse
trop prolongée, arroser au pied même les vieux

arbres en espalier s'ils paraissent languissants. —
Donner la chasse aux limaces ainsi qu'aux insectes
qui attaquent les fruits à mesure qu'ils mûrissent.

AOUT.

Potager. — Arroser largement les cornichons. —
Récolter les fruits jour par jour, tailler les tiges de
citrouilles, courges et giraumons au-dessus des
fruits ; leur prodiguer l'eau matin et soir, — arracher
et repiquer les plants de fraisier.

On sème au mois d'août la graine d'oignons blancs
de Valence ou de Paris, dont le plant doit être
repiqué en octobre. — On sème également entre
deux Notre-Dame, les choux d'Yorck, cœur de bœuf,
cerfeuil, épinard, Mâches, laitues passions blondes
et brunes, choux-fleurs d'hiver, carottes, navets,
persil, rémolas.

Jardin fruitier. — On continue le pinçage, l'ébour-
geonnage et le palissage, doivent être les principales
opérations à effectuer dans le courant de ce mois.
Etendre de la paille au pied des espaliers de pêchers,
pour ne pas perdre les pêches qui tombent. Veiller à
la destruction des insectes qui attaquent les fruits
mûrs.

Parterre. — La floraison des plantes d'ornement,
dans le parterre, est aussi brillante que le mois
précédent, ne pas négliger le marcotage des œillets
dont la floraison est épuisée: — soigner la crois-
sance et la floraison des dahlias, — semer en
terrines ou sous chassis des calcéolaires, cinéraires,
primevères de Chine, des quarantaines bisannuelles,
des campanules, muflier (gueule de lion), roses
trémières, œillets de poète, digitales, lin vivace,
polemoine, scabieuses, pensées anglaises. — Repiquer
du réséda partout où il en manque, on doit préparer
la terre pour les oignons de jacinthes et de tulipes.

SEPTEMBRE.

Potager. — Dernier semis de haricots dans les premiers jours du mois. Semer des choux-rouges, choux-fleurs demi-durs, scaroles, laitues, pimprenelles, mâches, épinards, radis rose et gris d'hiver, oignons blancs de Valence et de Paris. On sème encore de la graine de poireau, dont le plant semé très-clair, peut arriver à peu près au volume normal de son espèce, par ces semis on aura des poireaux à livrer à la consommation jusqu'en juin de l'année suivante. — On pince le sommet des choux de Bruxelles, pour favoriser le grossissement des petites pommes formées dans les aisselles des feuilles.

Les fraisiers qui doivent être forcés sur place, sont plantés en planches qui seront plus tard recouvertes de chassis ; les carottes, sont arrachées vers la fin de septembre et mises en silos pour passer l'hiver.

Les meules à champignons sont établies avec le fumier préparé, à cet effet, le mois précédent.

Jardin fruitier. — Soigner la récolte des pêches tardives et des derniers abricots. — Envelopper les belles grappes de raisins dans des sacs en *crins*, pour les garantir des oiseaux, des mouches et même des premières gelées. — Ne récolter que les fruits dont la maturité est faite.

Parterre. — Renouveler la terre des planches de jacinthes et de tulipes.— Planter en place les oignons de jacinthes et de tulipes. — Soigner la floraison des dahlias. — Arroser les semis de campanules, œillets de poète, cinéraires, primevères, etc. Repiquer en pépinière le plant d'espèces bisannuelles semées dans les deux mois précédents.

OCTOBRE.

Potager. — Semer encore : mâche, épinard,

cerfeuil. — Semer aussi pour être replantés sur couche en novembre et décembre : laitue gotte et romaine hâtive. — Suppression de vieux plants d'artichauts. — Œilletonnage des plants en plein rapport. — Suppression des tiges des asperges. — Soigner la plantation automnale des pommes de terre à 0 ^{m} 35 au moins (de profondeur). — Placer en arrière des planches de fraisiers remontants. — Mettre en place les choux de printemps et les laitues d'hiver. — Démolir les vieilles couches. — Prévenir des gelées blanches les artichauts.

Jardin fruitier. — On peut si besoin en est, commencer dès la fin d'octobre la plantation des arbres à fruits qui perdent leurs feuilles. — Faire provision de terreau végétal et de gazons décomposés pour garnir le pied des arbres à fruits à planter en novembre.

Parterre. — La floraison des dahlias est le plus souvent surprise en octobre par les premières gelées. Dès qu'ils en ont reçu les atteintes, il faut sans tarder arracher et serrer à l'abri des tubercules que le moindre froid peut endommager sérieusement. — On doit avoir pour garnir le parterre en octobre et novembre des chrysanthèmes de l'Inde, des véroniques d'Henderson, du réséda, etc. — On continue de planter en plein air les oignons de jacinthes, tulipes, narcisses, crocus, anémones, renoncules, etc., qui forment de si belles corbeilles.

NOVEMBRE.

Potager. — Butter les derniers céleris et les artichauts. — Les chicorées et les scaroles plantées en dernier lieu et dont la végétation est assez avancée, sont liées pour les faire blanchir. On peut encore en novembre, en profitant de l'été de Saint-Martin, semer sur ados un peu d'épinards, de la laitue à couper. On risque de planter une petite quantité de pois Michaux dans la seconde quinzaine de novembre, que les jardiniers nomment pois de Ste-Catherine. Ces pois gèlent assez souvent, mais malgré cela, la racine survit et elle émet, au printemps, deux pousses latérales qui fleurissent de très-bonne heure, à moins d'une température exceptionnellement défavorable.

Récolte des choux de Bruxelles, faire les couches de chicorées amères, barbe de capucin et la chicorée Witlœf.

Jardin fruitier. — La taille des arbres fruitiers précoces, peut être commencée. — Préparer les trous et les composts pour les plantations qui ne doivent être faites qu'au printemps.

DÉCEMBRE.

Potager. — Tout ce qui reste de plantes en pleine terre, mâches, carottes, cerfeuil, épinards est couvert de litière en cas de fortes gelées. On favorise la fermentation du fumier des couches nouvellement montées, par une bonne couverture de paillassons étendue sur les chassis.

Les plants de romaines, repiqués en octobre et novembre, sont changés de place et transplantés sur de nouveaux ados, — continuer à forcer les asperges sur place et sur couche, — donner de l'air pendant le jour aux caves et celliers où sont conservés les légumes pour la provision d'hiver.

Jardin fruitier. — Continuer les plantations. Avancer autant que possible la taille des arbres fruitiers souvent interrompue par le mauvais temps.— Rechercher les nids de chenilles et les chapelets d'œufs de lépidoptères.

Parterre. — Surveiller les planches de jacinthes et de tulipes ; les préserver des atteintes des limaces et des insectes.

CATALOGUE DES GRAINES.

---

		30 gr.	100 gr.
Ail rose ordinaire (*au cours*) (les 90 têtes) . .	» »	» »	
Arroche ou Belle-Dame blonde	» 25	» 60	
— — rouge	» 25	» 60	
Artichaut gros vert de Laon	2 »	» »	
Asperge violette de Hollande, le cent. 3 »	» 50	1 50	
d'Argenteuil (extra) . . . — 5 »	1 25	3 »	
de Marchiennes . . . . — 4 »	» »	» »	

Je puis toujours fournir au printemps des plants d'Asperges d'un an ou de plusieurs années. — Prix modérés.

		30 gr.	100 gr.
Aubergine violette longue	1 »	» »	
Basilic fin vert	» 50	1 25	
grand vert	» 50	1 25	
Bette ou Poirée blonde	» 30	» 80	
Betterave à salade rouge longue grosse . .	» 25	» 75	
noire d'Erfurt	» 25	» 75	
plate d'Egypte	» 40	1 »	
jaune longue	» 25	» 75	
fourragères rose corne de bœuf. . le kilo. 1 50	» »	» »	
rose disette d'Allemagne. . . — 1 30	» »	» »	
Mammouth . . . . 2 »	» »	» »	

Betteraves (*suite*).

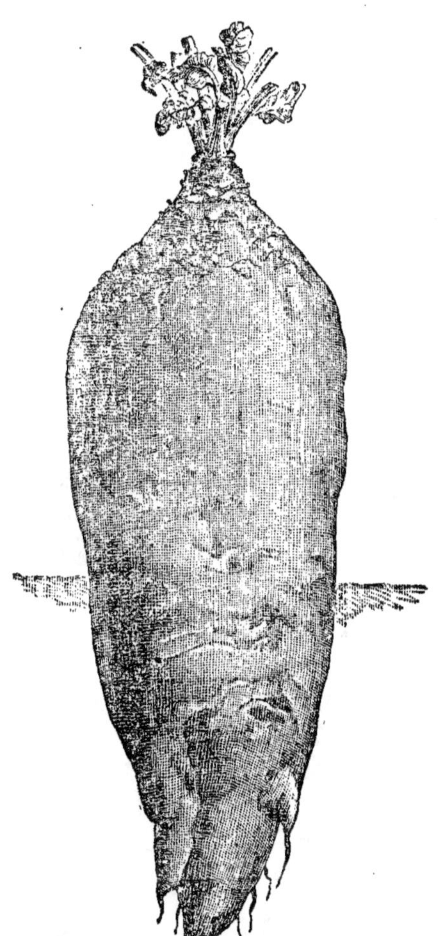

BETTERAVE MAMMOUTH.

Nouvelle variété, d'un rouge brun. — Elle donne dans une terre fertile ayant reçu beaucoup d'engrais des résultats merveilleux. Nous avons obtenu dans nos divers essais jusqu'à 125,000 kilog. à l'hectare elle est longue, très-grosse, droite, s'arrache facilement et proprement et d'une bonne conservation. Nous recommandons beaucoup cette nouvelle Betterave dont nos clients nous ont fait beaucoup d'éloges.

rose h⁵ terre bouteuse de Cambrai 1 50 » » » »

Variété très-estimée dans le Nord de la France et en Belgique, s'enfonce très-peu en terre (10 centim. au plus), très-facile à l'arrachage.

Betteraves *(suite)*.

blanche disette collet vert . . le kilo. 1 50 » » » »

jaune longue d'Allemagne   — 1 50 » » » »

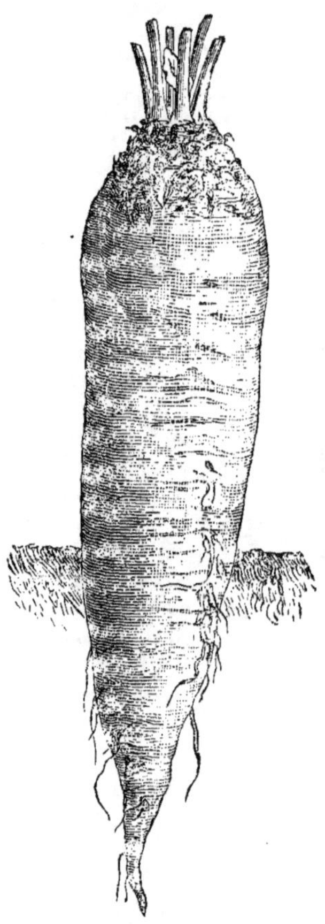

Très-recherchée dans les Flandres pour ses propriétés sur le beurre, variété très-productive et se conservant parfaitement l'hiver.

BETTERAVE jaune longue d'Allemagne.

jaune globe. . . . . le kilo. 1 60 » » » »

 — **ovoïde des barres** . — 1 50 » » » »

à sucre collet rose. . . . le kilog. 1 20 » » » »

  — — gris. . . . . — 1 20 » » » »

  — — vert. . . . . — 1 20 » » » »

Betteraves *(Suite)*.

Silésie . . . . le kilo 1 » » » » »
— race Brabant. . . . . — 1 50 » » » »

BETTERAVE jaune ovoïde des Barres.

Variété très-estimée dans le nord de la France et en Belgique où on la cultive en grand; d'un grand rapport et se conservant très-bien.

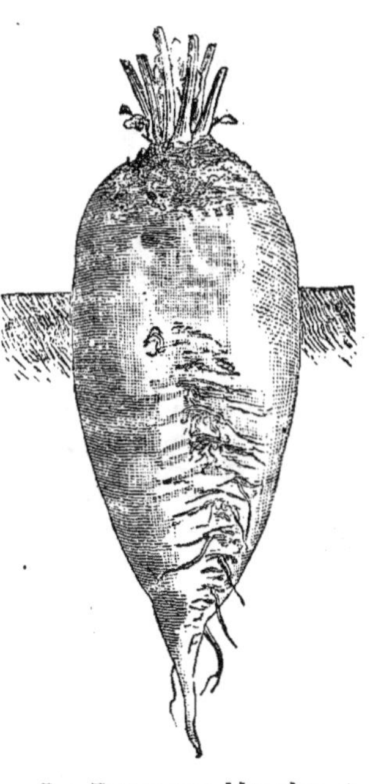

Les Betteraves blanches à sucre du Nord se sont acquises partout où on les cultive une grande renommée. Les graines que j'offre sont récoltées sur des porte-graines choisis, on peut en espérer les meilleurs résultats. — Paiement après la récolte.

Mes portes-graines sont réellement d'élites, choisis sur mères analysées.

Cardon plein inerme . . . . 1 » » »
— — de Tours. . . . . 1 50 » »

30 gr. 100 gr.

Carottes Fourragères.

rouge longue de Cambrai (persillée) le kil. 3 »   » 20   » 50
—   de Cambrai (en barbe)   — 2 50   » 20   » 40
Flamande longue rouge (persillée).   — 4 »   » 30   » 80

Cette variété est très-recommandable, de couleur rouge vif, sans collet et très-grosse, on peut l'employer pour le potager, mais elle est surtout recherchée pour la grande culture ; elle remplace avec beaucoup d'avantages les carottes blanches et jaunes, les bestiaux préfèrent la Flamande à ces deux dernières.

Carotte rouge, très-courte à chassis . . . » 40   1 10
rouge, courte hâtive de Hollande . . . . » 30   » 80
— demi-courte de choix . . . . . » 40   1 »
— demi-longue pointue . . . . . . » 30   » 80
— — — obtuse . . . . . . » 30   » 80
— — — Nantaise . . . . . » 30   » 80

Belle variété à bout rond, d'un rouge vif, sans cœur très-recherchée des maraîchers. ayant apporté une grande importance à la culture des graines de Carottes, je puis les offrir en confiance, exemptes d'aucun mélange.

Flamande (en barbe) . . . . 3 »   » 20   » 60
rouge longe d'Altringham (en barbe) . . 3 »   » »   » 50
—   de St-Valéry (persillée) . . 4 »   » »   » »

Variété très-recherchée, de couleur rouge vif, recommandée pour la coloration du beurre.

blanche collet vert h^s terre (persillée) le k. 2 50 »   »   » »
— des Vosges (ne sort pas de terre) — 2 »   » »   » »
jaune collet vert (persillée) . . . — 3 »   » »   » »

Ces graines sont récoltées sur des porte-graines choisis et d'espèces bien franches.

	30 gr.	100 gr.
Céléri plein blanc	» 50	1 40
court hâtif	» 60	1 50
violet de Tours (très-gros)	» 70	1 80
rave ou céléri navet ordinaire	» 40	1 30
— — d'Erfurt	» 60	» »
Cerfeuil commun	» 25	» 65
frisé ou double	» 40	1 »
bulbeux ou tubéreux	» 60	1 40
Champignon (blanc de) . . le kilog. 2 50	» »	» »
Chicorée frisée ou endive fine d'Italie	» 60	1 50
— — — de Meaux	» 50	1 50
— — — de Rouen (extra)	» 70	1 60
— — — de Guillande	» 70	1 60

*Nouvelle variété très-recherchée des maraî-
chers de Cambrai, blanchit sur terre sans être
liée, feuilles fines et bien découpées.*

	30 gr.	100 gr.
scarole jaune blonde (feuille de laitues)	» 60	1 50
— verte (cœur plein)	» 50	1 40
sauvage ou amère	» 40	1 »
améliorée	» 40	1 »
grosse racine ou à café . . . . le kil. 4	» 30	» 80

Choux cabus ou Pommés blancs.

	30 gr.	100 gr.
cabbage superfin très-hâtif	» 75	1 80
d'Yorck petit très-hâtif	» 60	1 50
— gros	» 60	1 50
cœur de bœuf petit	» 60	1 50
— — gros	» 60	1 50
pain de sucre	» 70	1 65
Joannet ou Nantais hâtif	» 70	1 65
Schweinfurt très-gros	1 »	2 50
Hollande pied court	» 80	1 75

	30 gr.	100 gr.
Brunswick ordinaire	1 »	2 50
— (vrai extra) caulet chaud	1 60	» »

Variété recherchée des maraîchers de Douai et de Cambrai, grosse pomme blanche aplatie, à pied court, variété que je recommande spécialement, c'est le plus gros de tous les choux pommés; son diamètre, lorsqu'il atteint son complet développement, atteint 80 cent.

	30 gr.	100 gr.
de St-Denis ou de Bonneuil	» 75	» »
rouge gros.	» 80	» »
— petit hâtif d'Utrecht	» 80	» »

Choux Milan ou Pommés frisés.

	30 gr.	100 gr.
petit hâtif d'Ulm	» 60	1 50
Milan pied court hâtif	» 60	1 50
— gros des vertus.	» 80	1 75
— extra, qualité maraîchère	1 »	2 50

Variété très-recommandable.

	30 gr.	100 gr.
rosette de Cambrai	» 80	1 75

Pomme petite très-dure, résistant aux plus grands froids.

	30 gr.	100 gr.
de Pontoise.	» 60	1 50
de Norwège (gros d'hiver)	» 80	1 75
de Bruxelles grand	» 80	1 75
— nain	1 »	2 50

Chou-Navet (EN TERRE), blanc . . . . . . | » 30 | 1 80 |

jaune collet rose à potage	» 40	1 »
Rutabaga jaune . . . . . le kilog. 2 50	» 20	» 50
Skirving à collet rose	» 30	» 80

Chou-Rave (SUR TERRE), blanc de Vienne . | » 80 | 2 50 |

30 gr 100 gr.

Chou-fleur tendre de Paris . le kilog. 50 » 3 » le p. » 25

demi-dur de Paris. . . . . — 50 » 3 » » 25

— de Hollande. . . . . 3 » » 25

dur — . . . . » » » »

Lenormand extra pied court . . . . . . 4 » » 25

Chou Brocoli (chou-fleur d'hiver).

blanc hâtif . . . . . . le paquet 25 c. 2 » » »

Cavalier, grand rouge à fourrage. le k. 3 » » 25 » 80

— — vert — — 3 » » 25 » 80

Les Choux Cavalier du Nord se sont acquis partout une grande renommée; ils donnent un fourrage excellent et résistent aux plus grands froids. Je tiens toujours à la disposition de mes Clients des plants de ces Choux Cavalier rouges et verts.

moëllier blanc et rouge . . . le kil. 3 » » » » 80

Tige succulente. — Semer au printemps.

Citrouille de Touraine . . . . » 30 » »

Cornichon court de Russie . . . . . . » 60 » »

Variété recommandable, petit et très-hâtif.

de Paris . . . . 50 » » »

blanc hâtif. . . . . 1 » » »

vert long . . . . 1 50 » »

Courges en mélange . . . le paquet » 25 » » » »

Cresson alénois . . . . » 20 » 60

frisé. . . . . » 25 » 65

de fontaine. . . . . » » » »

vivace ou de jardin . . . . » 40 1 »

Echalotte ordinaire . . . . . le kil. 2 50 » » » »

Epinard rond de Hollande . . . . . . » 25 » 65

de Flandre très-large . . . . » 25 » 75

	Litre.	Kilog.
Fève de Marais grosse ordinaire.	» 50	» »
de Windsor verte	» 80	» »
— large blanche.	1 »	» »
de Séville à longue cosse	1 20	» «

Haricots à rames avec parchemin.

Soissons très-gros blanc	1 »	» »
rouge de Chartres	» »	» »
sabre très-grandes cosses.	2 50	» »

Haricots à rames mangetout.

beurre noir ou d'Alger.	2 »	» »
— blanc cosse jaune	3 »	» »
princesse à rames	4 50	» »

Haricots nains mangetout.

beurre noir ou d'Alger nain.	1 50	» »
blanc nain cosse jaune	3 »	» »
jaune du Canada.	» »	» »
— de Chine	» »	» »
princesse nain	4 50	» »

Haricots nains avec parchemin.

flageolet blanc	1 »	» »
— vert (trié extra)	1 50	» «
— noir hâtif de Belgique	1 »	» »
Soissons nain gros pieds (*au cours*) . . .	» 50	» »

	30 gr.	100 gr.
Laitues pommées printanière.		
à bord rouge ou cordon rouge	» 50	1 30
gotte graine blanche	» 50	1 30
— — noire	» 50	1 30

Laitues pommées d'été ou d'automne.

| blonde de Versailles . . . . . . | » 50 | 1 30 |

Excellente variété, très-grosse et très-tendre.

	30 gr.	100 gr.
blonde d'été ou royale	» 50	1 30
batavia blonde et brune	» 50	1 30
grosse grise de Cambrai	» 60	1 50

Variété très-recommandable.

	30 gr.	100 gr.
grosse blonde paresseuse	» 50	1 50
— brune — . . . . . , . .	» 60	1 50
sanguine	» 60	1 50

Laitues pommées d'hiver.

	30 gr.	100 gr.
passion blonde	» 60	1 50
— brune	» 60	1 50
— Morine	» 60	1 50

Laitue à couper jaune. . . . . . .

	30 gr.	100 gr.
Laitue à couper jaune.	» 40	1 »
frisée.	» 60	1 50

Laitues romaine ou chicons.

	30 gr.	100 gr.
blonde maraîchère	» 60	1 50
verte —	» 60	1 50

	30 gr.	100 gr.
Mache à feuille ronde maraîchère	» 30	» 60
à grosse graine.	» 40	» 60

		30 gr.	100 gr.
Melon noir des Carmes . . le paquet 25 c.		2 50	» »

Variété recommandable.

		30 gr.	100 gr.
gros cantaloup fond blanc. le paquet 25 c.		2 50	» »

		30 gr.	100 gr.
Navet plat blanc hâtif.		» 25	» 70
plat rouge hâtif.		» 25	» 70
demi-long des vertus . . . . le kil. 3 50		» 30	» 80
long d'Alsace collet vert . . — 3 »		» 30	» 80
— de Meaux . . . . . — 3 »		» 50	» 70
— gros de Norfolk . . . — 3 »		» 50	» 60

Très-gros et très-avantageux pour fourrage.

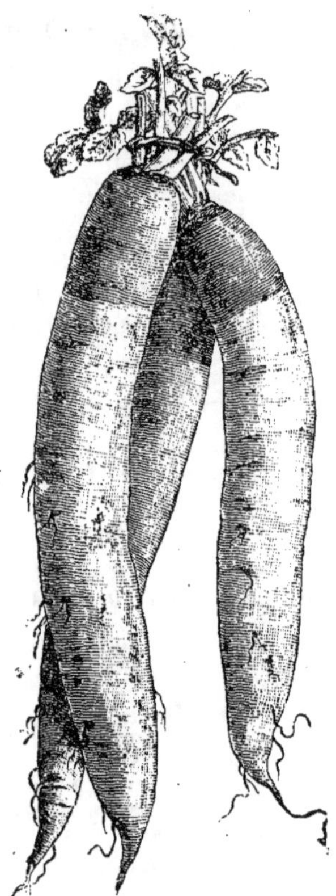

NAVET LONG de MEAUX.

Très-bonne variété d'un très-grand rapport, possédant des qualités nutritives.

NAVET de NORFOLK

Vient très-gros, très-recherché pour fourrage; d'une bonne conservation.

5 kilog. de graines suffisent pour un hectare.

Oignon de Mulhouse.

bulbes ou grelots de la Comté . . le litre 1 f. 25	»	»	» »
Oignon jaune paille des vertus, ext le kil. 12 »	» 50	1 30	
ordinaire . . . . — 10 »	» 40	1 20	
de Cambrai . . . . — 10 »	» 40	1 »	
rouge pâle de Huy	» 40	1 »	
— — ordinaire	» 40	1 »	

		50 gr.	100 gr.
Oignon rouge foncé :		» 50	1 30
blanc de Paris		» 70	1 50
— de Valence.		» 50	1 30
Oseille large de Belleville		» 40	1 »
Panais long		» 40	1 »
rond hâtif		» 50	1 20
Persil commun		» 20	» 50
double frisé.		» 30	» 80
Pissenlit ordinaire		» 50	» »
amélioré à cœur plein		1 »	» »

	30 gr.	100 gr.
Poireau long d'hiver de Cambrai.	» 60	1 40

Vient très-gros, résiste aux plus grands froids.

	30 gr.	100 gr.
d'hiver de Paris	» 50	1 20

Dans les hivers rigoureux, résiste difficilement.

	30 gr.	100 gr.
gros court d'été.	» 40	1 »
— de Carentan (extra)	» 60	1 40
— de Rouen (extra)	» 60	1 40

Pois à écosser à rames.	Litre.	Kilog.
Caractacus.	1 50	» »
— Express (nouveauté)	2 00	» »

Le plus hâtif de tous les pois.

	Litre.	Kilog.
Prince Albert.	1 20	» »
Michaux de Hollande	1 »	» »
Serpette ou d'Auvergne.	1 20	» »
Victoria Marow	1 »	» »
ridé de Knight blanc sucré.	1 50	» »
— — vert sucré	1 50	» »
Pois mangetout.		
géant larges cosses	1 50	» »
demi rames	1 50	» »
nain	1 50	» »
ridé.	1 50	» »
corne de bélier.	» »	» »

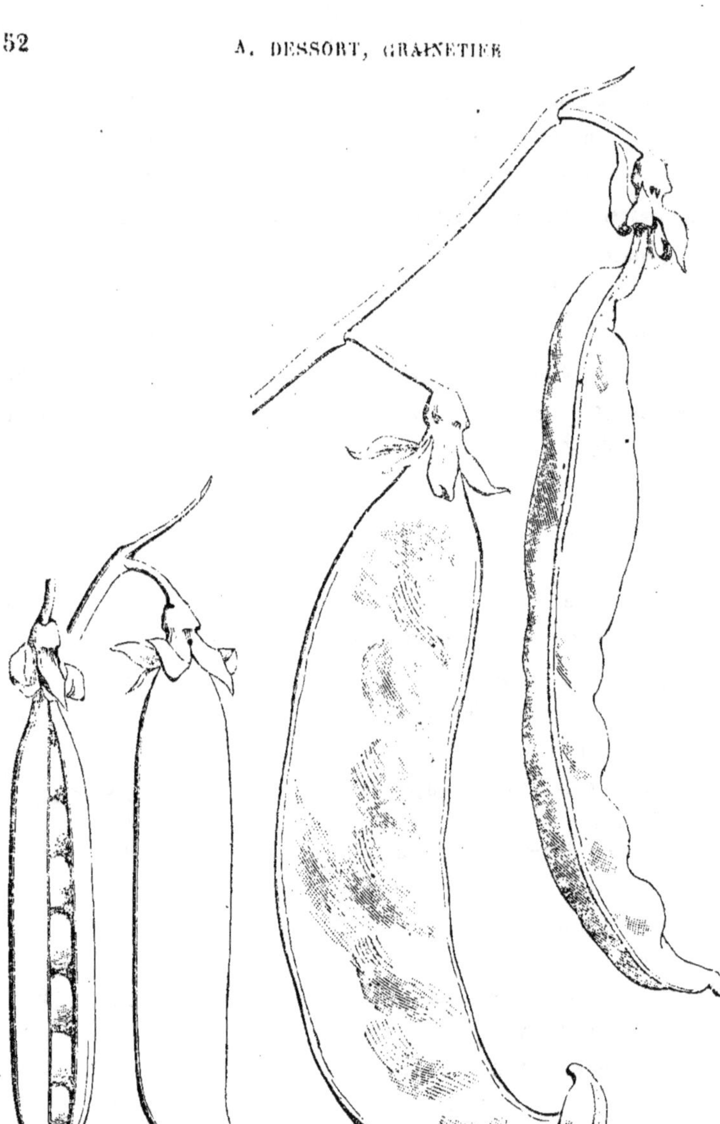

POIS Mangetout nain.

Variété très-hâtive et d'une production extraordinaire, très-fin comme goût ; hauteur 25 centimètres.

POIS MANGETOUT Corne de Bélier.

Variété tardive, très-productive et rustique ; cosses grandes, droites et légèrement crochues, renfermant 6 à 8 grains blancs ronds, sucrés, de première qualité.

Pois à écosser nains.		Litre.	Kilog.	
nain très-hâtif à chassis		4 20	»	»
de Hollande		1 »	»	»
Beck Gem.		1 20	»	»
Très-nain hâtif pour bordures.				
nain vert gros		» 60	»	»
— ridé Eugénie.		4 »	»	»

Pommes de terre

				Litre		Kilog	
Marjolin germée. . . . . le kil.	» 60	»	»	»	»		
non germée . . . . . . —	» 40	»	»	»	»		
à feuille d'ortie . . . . . —	» 60	»	»	»	»		
Early rose. . . . . . . —	» 50	»	»	»	»		

Et plusieurs autres variétés recommandables.

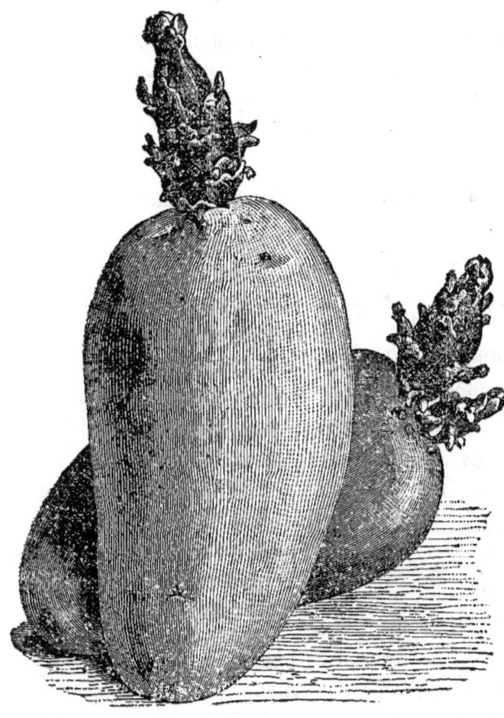

La pomme de terre Marjolin est la plus hâtive de toutes les pommes de terre, convenable pour primeur et pour culture forcée, tubercule long moyen, peau d'un jaune terne lisse, chair jaune; nous livrons cette pomme de terre de janvier en mars en petits paniers de 2, 4 ou 6 kilos.

Je tiens des paniers à la disposition de mes honorables clients.

On doit éviter de casser les germes en la plantant, car 40 jours après la plantation on la récolte.

POMMES de TERRE Marjolin quarantaine germées.

POMMES DE TERRE, variétés les plus recommandables.

100 Kilog

Adirondack. — Variété demi-hâtive et très-productive ; tubercule rond gros, peau rouge, rugueuse ; yeux peu profonds ; chair blanc de lait, très-farineuse.   75 »»

2° **A feuille d'ortie.** — Très-bonne variété de primeur et pour culture en plein champ ; tubercule allongé ; peau jaune, lisse ; chair très-jaune, assez farineuse. . . . .   50 »»

3° **Blanchard.** — Variété précoce, très-fertile et de première qualité pour le potager ; tubercule rond, parfois déprimé : peau lisse, jaune, largement panachée de violet surtout autour des yeux ; chair jaune, très-farineuse. . . . .   70 »»

4° **Champion.** — L'une des variétés résistant le mieux à la maladie, d'un goût excellent, très-farineuse et donnant une récolte très-abondante : tubercule arrondi, parfois déprimé : peau jaune pâle ainsi que la chair ; yeux profonds, assez nombreux . . . .   30 »»

5° **Compton's Surprise.** — Variété productive : tubercule aplati ; peau lisse, violacée ; yeux peu enfoncés ; chair blanche, farineuse . . . . . .   75 »»

6° **Cosmopolitam.** — Magnifique variété très-hâtive et productive ; tubercule rond légèrement aplati, très-gros ; peau jaune, rugueuse ; yeux presque imperceptibles ; chair jaune-clair, farineuse . . . . . .   80 »»

7° **Cromwel.** — Variété demi-hâtive ; tubercule long aplati ; peau jaune, lisse ; yeux presque imperceptibles, chair jaune-clair . . . .   80 »»

8° **De Zélande.** — Variété tardive très-productive, très-cultivée dans les Flandres pour la provision d'hiver ; tubercule rond : peau d'un rouge vif, rugueuse ; yeux peu marqués. . . . .   60 »»

9° **Early Cluster.** — Variété très-hâtive et productive ; tubercule rond gros ; peau jaune, rugueuse, parfois un peu lisse ; yeux peu enfoncés. . . . .   100 »»

100 Kilog.

10° **Rose** (rose hâtive d'Amérique). — Variété hâtive et
très-productive ; tubercule long, aplati, gros ; peau
lisse d'un rose un peu saumoné ; yeux peu profonds ;
chair blanche, farineuse . . . . 40 »»

11° **Edward's Victoria Kidney.** — Variété très-
productive ; tubercule un peu allongé, aplati ; peau
lisse, parfois rugueuse ; yeux peu saillants ; chair très
farineuse, blanche comme la neige après cuisson. . 65 »»

12° **Farineuse rouge.** — Bonne variété pour grande
culture ; tubercule gros, rond ; peau rugueuse d'un
rouge pâle ; yeux peu enfoncés ; chair blanche . . 50 »»

13° **Fenn's Early Régent.** — Excellente variété,
très-hâtive et productive ; tubercule rond, aplati, gros,
peau jaune, rugueuse ; yeux très-peu profonds : chair
d'un jaune orangé, ferme, d'excellent goût. . . . 60 »»

14° **Flocon de neige** (snowflake).—Une des meilleures
variétés, d'origine américaine, très-productive (23 à
24,000 kilog. à l'hectare) ; tubercule rond, légèrement
allongé : peau jaune lisse ; chair blanche très-farineuse
et légère ; (variété très-recommandable) . . . . . 25 »»

15° **Early rose.** — Longue, de couleur rosée, semblable
à la saucisse, mais sa chair est blanche, d'un très-fort
rendement ; très-estimée en France . . . . . . 20 »»

16° **Magnum bonum.**—Variété très-renommée pour
sa grande production et par ses qualités de conserve ;
rendement 25,000 kil. à l'hectare . . . . . . 15 »»

17° **Merveille d'Amérique.**—Nouvelle variété très-
hâtive, très-productive surtout en terre légère ; tubercule de forme modèle, rond, extraordinairement volu-
mineux ; peau assez lisse ; chair blanche très-farineuse. 17 »»

18° **Marjolin têtard.**—Jaune plate, un peu allongée ;
hâtive, très-productive . . . . 20 »»

19° **Jaune de Hollande.** — Jaune, demi-longue,
demi-hâtive . . . . 12 »»

— **Hâtive du Loiret.** — Variété très-recom-
mandée, jaune ronde, très-hâtive et productive . . 14 »»

100 Kilog.

20° **Saucisse.** — Rouge vif, grosse longue plate ; chair jaune très-farineuse . . . . 14 »»

21° **Scotch champion.** — Pomme de terre dans le genre de la *Chardon*, mais supérieure comme qualité et d'un très-grand rapport pour la grande culture (26 à 27,000 kilog. à l'hectare) . . . . 12 »»

22° **Vitelotte** rouge longue, yeux entaillés, demi-tardive, productive. . . . . 30 »»

J'engage mes honorables clients à faire quelques essais sur les variétés ci-dessus dénommées ; je ne saurais trop insister sur la nécessité pour tout cultivateur de changer ou de renouveler ses semences, c'est le moyen d'obtenir de beaux et bons produits.

Afin d'engager MM. les cultivateurs à faire des essais sur une petite échelle, je livrerai la collection de douze variétés au choix, *au prix de SIX francs*, contenant un kilog. de chaque variété ; les prix sont cotés sans engagement.

Par quantité de 500 kil., des prix spéciaux seront adressés sur demande.

Je rappelle à mes clients que je suis toujours acheteur des récoltes provenant de mes semences.

---

	30 gr.	100 gr.
Pourpier doré	» 30	» 80
Radis rond rose hâtif	» 25	» 80
blanc hâtif.	» 25	» 80
1/2 long rose à bout blanc	» 30	» 85
rond violet hâtif.	» 30	» 80
gris rond d'été	» 30	» 80
Radis d'hiver		
noir gros long d'hiver	» 30	» 80
— rond —	» 30	» 80

	30 gr.	100 gr.
Scorsonnère.	» 40	» 80
Tétragone	» 75	» »
Thym	» 60	1 50
Tomate rouge grosse.	» 60	1 50
jaune grosse.	» 60	1 50

Légumes secs (*prix variable*)	» »	» »
Pois rond vert (bon cuisson)	30 »	l'hect.
cassé, extra	45 »	» »
— n° 1	40 »	» »
Haricot gros pieds.	27 »	» »
petits ronds blancs	29 »	» »
Soissons	» »	» »
Lentilles	» »	» »

Graines fourragères (*au cours*).	100 kil.	Kilog.
Trèfle flamand extra.	195 »	2 »
violet de Bretagne	» »	1 80
— ordinaire.	» »	1 70
hybride (*au cours*).	» »	2 50
blanc (dit *coucou*)	» »	2 50

*Les bons résultats que les cultivateurs du centre,
du midi de la France ainsi que la Belgique obtien-
nent avec mes graines de* GROS TRÈFLE FLAMAND ET
LA LUZERNE FLAMANDE *(à hautes tiges), me font
recevoir chaque année de nombreux témoignages de
mes honorables clients, ainsi que dans les concours
agricoles.*

Ces graines sont de ma culture et RÉELLEMENT
D'ÉLITE *exemptes de plantain, cuscute, teignes, etc.,*

qui causent de si grands ravages à l'agriculture et dont les cultivateurs font des plaintes de plus en plus alarmantes. « Ce parasite n'existe pas dans mes cultures. »

La récolte n'ayant pas été favorable pour la quantité, je prie mes honorables clients, ainsi que les personnes qui désireraient faire un essai de mes graines, de vouloir bien m'adresser leurs demandes sans retard; l'expédition ne sera faite qu'au gré du client; je tiens des échantillons à la disposition des personnes qui m'en feront la demande.

LUZERNE

	100 kil.	kilog.
Luzerne flamande extra.	195 »	2 »
de Provence (vrai)	» »	1 90
d'Italie.	» »	1 80
du Poitou.	» »	1 70
Minette (belle qualité)	55 »	» 70
Sainfoin double (2 coupes), l'hectolitre 18 »	» »	» »
— simple — — 16 »	» »	» »

Les graines fourragères étant sujettes à de fréquentes variations de prix, nous indiquerons les derniers cours sur demande.

GAZONS.

	100 kil.	kilog.
Ray-Grass anglais lourd (extra)	» »	1 20
— — léger	» »	1 »
d'Italie.	» »	1 40
de Pacey . . . . : . .	» »	1 25
Lawn-Grass ou composition de graminées appropriées à la nature du sol.		

Il est indispensable de m'indiquer la nature du terrain que l'on désire ensemencer, s'il est humide, calcaire, argilio-silicieux, ombragé ou argileux et si c'est pour faucher ou pâturer.—Ces graines étant une spécialité de la Maison, je pourrai les fournir dans de bonnes conditions et donner tous les renseignements désirables.

Prix des 100 kilog. **80** à **100** francs.

GRAINES D'OISEAU

Première qualité, bien criblée.

		100 kil.	kilog.
Millet long alpiste. . . . . . le litre 0 40	» »	» »
Chenevis 0 35	» »	» »
Millet rond blanc 0 45	» »	» »

OIGNONS A FLEURS.

Tulipes variées p^r Massifs, Jacinthes, Crocus. Renoncules, Narcisses, Anémones, etc. — *Prix modérés.*

Etiquettes en bois pour Arbres et Pots à Fleurs Mastic à greffer. — Livres de Jardinage.

SACS A RAISINS

POUDRE INSECTICIDE *(50 cent. la boîte).*

FLEURS.

Les variétés les plus courantes à 12 fr. le cent.

le paquet.

AMARANTE crête de coq.	» 15
ANÉMONE des Fleuristes.	» 25

                    A. DESSORT, GRAINETIER

Fleurs *(Suite)* *Le paquet.*

Balsamine double.	» 25
— — variée ordinaire extra	» 25
— — naine	» 25
— — Camélia	» 25
par variétés séparées.	» 50
Belle de Jour.	» 15
— de Nuit.	» 10
Calcéolaire	» 10
Campanule à grosse fleur variée	» 10
Capucine grande.	» 10
— naine.	» 10
Chrysanthème des Jardins.	» 10
à carène variée.	» 25
Cinéraire hybride varié.	1 »
Cinéraire hybride choix extra	2 »
— — maritime	» 50
Clarkia elegans varié	» 10
Cobée grimpante.	» 15
Coloquinte variée	» 25
Coquelicot double varié	» 15
Collinsia bicolore	» 10
Corbeille d'or et d'argent.	» 10
Croix de Jérusalem.	» 25
Cynoglosse à feuille de lin.	» 10
Digitale pourpre.	» 10
Enothère de Drummond	» 10
Gaillardia picta.	» 10
Gentiane grande fleur	» 10
Gilia tricolore	» 10
Giroflée quarantaine ordinaire	» 10
— extra	» 25
— cocardeau variée	» 25
— d'hiver.	» 25

Fleurs *(suite)*.   *Le paquet*.

Giroflée jaune double Muret	» 25
Haricot d'Espagne varié	» 10
Héliotrope varié.	» 30
Immortelle variée	» 15
Julienne de Mahon rose.	» 10
— — blanche.	» 10
Larme de Job.	» 20
Lavatère grande fleur blanche	» 10
— — rose.	» 10
Lin à grande fleur rouge.	» 10
— — bleu.	» 10
Lobelia erinus bleu	» 15
Lupin changeant	» 10
Maïs panaché.	» 10
Malope à grande fleur rose	» 10
Mimosa pudica.	» 10
Myosotis	» 50
Œillet de Chine, double varié	» 10
— de poëte, varié.	» 10
— des fleuristes	1 »
— Flamand	1 »
— Mignardise	1 »
— d'Inde nain, varié	» 10
— grand	« 10
Pavot double varié	» 10
Pensée Anglaise à grandes fleurs variées	» 15
— — extra	» 25
Odier mélange extra	» 50
Perilla de Nankin	» 10
Pervenche blanche	» 10
— rose	» 10
Petunia hybride varié	» 15
— — extra	» 25

Fleurs *(suite).*   *1 e paquet.*

Phlox de Drummond varié . . . . » 10

Pied d'Alouette double varié . . . . » 10

—   —   nain . . . . » 25

Pois de Senteur varié . . . . » 10

Pourpier à grandes fleurs variées 1 10

Primevère de Chine frangée variée . . . . 1 »

—   —   — blanche rose, cuivrée . . 1 »

Auricule Liégeoise . . . . 1 »

Pyrethrum parthenium . . . . » 25

Reine Marguerite pyramidale variée . . . . » 10

—   —   extra . . . . » 25

—   —   Pivoine extra . . . . » 25

—   naine imbriquée pompon . . . . . » 25

—   —   — couronnée . . . . » 25

—   —   à fleur de chrysanthème . . . . . » 25

Etc., etc.

Réséda odorant à grandes fleurs . . . . » 10

Ricin sanguin . . . . » 10

Rose d'Inde . . . . » 10

Trémière variée . . . . » 25

Silène blanche et rose . . . . » 10

Tabac géant . . . . » 25

Tagetes . . . . » 10

Thlaspi varié . . . . » 10

Verveine variée extra . . . . » 25

Volubilis . . . . » 10

Zinnia double élégant . . . . » 25

Et beaucoup d'autres Variétés dont le détail serait trop long.

Les graines récoltées dans notre pays réussissent dans tous les climats et ne laissent rien à désirer sous aucun rapport.

Mes Jardins d'essais et mes cultures de graines sont situés route de Solesmes et route du Cateau, (faubourgs de Cambrai).

Expéditions, Echantillons et Catalogues sur demande.

Maïs Caragua dent de cheval.